INSTRUCTION

SUR LA GUÉRISON

ET LA PRÉSERVATION

DE LA GOUTTE

par le Cte d'AUBAGNAN

PARIS

LIBRAIRIE DE VIE ET SANTÉ

17, Rue Philippe-de-Girard, 17

Prix : 1 franc

INSTRUCTION

SUR LA GUÉRISON

ET LA PRÉSERVATION

DE LA GOUTTE

par le Cte d'AUBAGNAN

PARIS

LIBRAIRIE DE VIE ET SANTÉ

17, Rue Philippe-de-Girard, 17

Prix : 1 franc

INSTRUCTION

SUR

LA PRÉSERVATION ET LA CURATION

DE LA

GOUTTE

L'auteur de cet écrit et de divers opus-
cules qui ont pour objet la vulgarisation de
ce qu'il y a d'utile pour la santé publi-
que, dans la science de la vie, a l'habitude
de prévenir, d'abord, ses lecteurs qu'il
n'écrit point pour les sots ; il veut, ainsi,
dès les premiers mots, éviter aux personnes dont se compose cette honorable
fraction de la Société la perte de temps
qu'elles éprouveraient en poursuivant
une lecture qui ne pourrait leur être que
peu ou point profitable. Dans un travail
qui s'adresse à des goutteux, une telle
précaution serait inutile, puisque, d'après
l'unanimité ou à peu près des écrivains,

médecins ou non, la goutte ne s'attaque
qu'aux gens d'esprit : « Pour les humbles
comme moi, écrit une grande célébrité,
— assez bon teint, celle-là, quoique médicale, — il existe une triste consolation
dans cette pensée que la goutte tue plus
de riches que de pauvres et plus de gens
d'esprit que de sots. Des rois puissants,
des empereurs, des généraux, des ami-
raux, des philosophes sont morts de la
goutte. La nature montre par là son
impartialité, puisque ceux-même qu'elle
favorise d'une manière sont affligés
d'une autre. » Ainsi s'exprime l'illustre
Sydenham ; ainsi pourrait s'exprimer à
son tour, quoique avec beaucoup de ré-
serves cependant, l'auteur de cet écrit,
s'il ne craignait d'être accusé de compa-
raison ambitieuse ; lui aussi lutte depuis
plus de quarante ans contre un ennemi
opiniâtre, mais dont, plus heureux que Sydenham, qui finit par succomber dans la
lutte, il se flatte d'avoir définitivement
triomphé. Il peut donc sans vanité, dire
à chacun de ses lecteurs et confrères en
goutte : *experto crede Roberto*, et leur
donner l'assurance positive que tous ceux

d'entre eux qui voudront se résoudre à
à une lutte sans relàche contre le mal et
s'imposer quelques privations, triomphe-
ront comme lui. La lutte ne sera pas bien
terrible ni les privations bien cruelles ;
mais elles sont absolument indispen-
sables, et, à ceux de nos lecteurs qui s'y
résoudront fermement, nous pouvons,
avec une entière certitude, promettre la
victoire ; avec une certitude égale, nous
pouvons, nous devons prévenir les autres
de leur défaite, et leur certifier que leur
vie sera abrégée de dix, vingt et même
cinquante ans. Ce serait folie, en effet,
de croire à certains oracles, sérieux ou
plaisants, qui ont avancé qu'il n'y a rien
à faire contre la goutte, que c'est un
ennemi avec lequel il faut vivre, ou même
que c'est un brevet de longue vie. Autant de mots, autant d'erreurs funestes ;
la goutte abandonnée à elle-même ne
tue pas *quelquefois*, elle tue *toujours*,
un peu plustôt, un peu plus tard, mais,
sans exception aucune, bien avant le
terme assigné à chaque goutteux par sa
constitution. J'insiste donc pour qu'aucun
goutteux ne conserve le moindre doute

sur ce point. Chacun peut opter entre le système de la vie « *courte et bonne* » — (que certains moralistes sevères ont appelé la *vie de porc*) — et celui de la vie longue et raisonnable, qui n'est point synonyme de *mauvaise* ni même désagréable ; mais personne ne peut espérer de réunir les avantages des deux systèmes, si avantage il y a dans le premier. Les exemples isolés que citent parfois des écrivains facécieux, de vies longues quoique déréglées, ne prouvent absolument rien ; (¹) c'est l'ensemble des faits qu'il faut

(¹) Parmi ces exemples, on cite souvent celui du roi Louis XV, qui, malgré des désordres sans nombre, n'en mourut pas moins à 64 ans, d'une maladie accidentelle qui n'avait aucun rapport avec ses dérèglements (petite-vérole). Que prouve cet exemple, sinon que la vigoureuse constitution de ce monarque lui avait permis de résister plus longtemps que n'auraient pu le faire beaucoup d'autres à un régime physique et moral déplorable, et l'auraient peut-être conduit à une de ces grandes longévités de cent-dix, cent-vingt ans ou plus, s'il avait mené une vie plus régulière, vie qui n'est nullement incompatible avec des jouissances qui, pour être moins bruyantes et moins scandaleuses, n'en sont pas moins vives et sont beaucoup plus durables.

voir, et quiconque a étudié cet ensemble avec quelque soin et quelque intelligence, sait que la durée moyenne de la vie des individus qui se livrent à des excès *quelconques* est de *beaucoup* plus courte, que celle des personnes qui observent les préceptes d'une hygiène rationnelle (¹).

Si la lutte contre la goutte n'est ni trop terrible, ni trop cruelle par les privations qu'elle impose, en revanche, elle doit être longue, tellement longue que, dans certains cas de goutte très-opiniâtre, elle ne devra, pour ainsi dire, cesser qu'avec la vie. « Les médicaments, dit l'illustre Sydenham, ne rendent des services qu'autant qu'ils sont administrés régulièrement et avec persévérance : et comme il est nécessaire de modifier complètement la constitution, aucun homme sensé ne saurait regarder un pareil résultat comme possible en un court espace de temps. » Ici, nous ne pouvons qu'approuver sans réserve les

(¹) Voir, dans le journal *la Vie,* la démonstration et le développement de ces vérités d'une haute utilité morale et sociale.

préceptes du célèbre goutteux, qu'on a nommé, non sans raison, l'Hippocrate anglais.

Quiconque sera bien convaincu des vérités préliminaires et essentielles que je viens d'exposer, pourra continuer avec fruit la lecture de cette instruction ; mais tout goutteux qui ne s'en sera pas profondément pénétré, ou qui, tout en les reconnaissant, ne sera pas bien résolu à les appliquer, peut renoncer à la lecture de cet écrit, dont il ne tirerait qu'un profit nul ou médiocre.

Cela posé, nous allons, en compagnie de nos lecteurs persévérants, entrer dans le cœur du sujet. Encore une remarque préliminaire, cependant.

Quoique ne s'adressant qu'à des gens intelligents et capables de comprendre toutes les théories clairement exposées de la science de la vie, j'ai voulu conserver à cet écrit un caractère exclusivement pratique, qui nous permît de le réduire au plus petit volume possible, afin d'en rendre l'acquisition et la lecture faciles à tous les rhumatisants et goutteux. Je me suis donc borné à l'exposé

des caractères strictement nécessaires
pour que tout le monde puisse reconnaître la goutte sous ses nombreuses appa-
rences, et à l'indication exacte des
meilleurs remèdes qu'on peut lui opposer.
Ceux de mes lecteurs qui s'intéresseraient
à la démonstration irrécusable des principes sur lesquels reposent mes opinions
et mes préceptes, et qui voudraient
pénétrer jusqu'à la raison des choses,
trouveront dans un autre écrit plus
développé (¹) toutes les preuves de la
vraie théorie de la goutte, assez clairement exposées pour être comprises et
jugées par les personnes les plus étrangères à la science de la vie, mais douées
d'un sens droit ; cet écrit renfermera

(¹) *Histoire nouvelle, exacte et complète
de la goutte* ; moyens de s'en préserver et de
s'en guérir ; un très-beau volume imprimé
avec luxe, sur papier de de Hollande, renfer-
mant un grand nombre de figures. — Paraîtra
en 10 livraisons ; prix de l'ouvrage pour les
souscripteurs, 10 fr. payables d'avance : quand
l'ouvrage sera conplètement publié, son prix
sera de 16 fr. — On souscrit par l'envoi d'un
bon de poste de 10 fr. à l'éditeur du journal
LA VIE, rue Philippe-de-Girard, 17, place nouvelle, Paris.

l'histoire complète de la goutte, débarrassée de ses inutilités, de ses prolixités et, si l'on nous permet ce néologisme, de ses fastidiosités.

Ces explications données, nous entrons en matière.

DESCRIPTION DE LA GOUTTE OU PODAGRE (¹)

Il serait sans doute bien superflu de présenter aux infortunés, sujets à des attaques de goutte, le tableau des souffrances qu'ils éprouvent, tantôt modérées, tantôt violentes, tantôt si atroces qu'elles ne se peuvent comparer qu'à celles qu'ont subies les plus grands martyrs. Ceux qui ont été soumis à ces terribles épreuves en savent plus que tous les médecins qui

(¹) Les Grecs ont désigné la goutte, d'après les parties qu'elle occupe, dont les noms de *podagre*, (*de pous*, pied, et *agra*, prise, capture, littéralement, piége dans lequel le pied est pris); de *chiragre*, *cheïr*, main, *agra*, prise, etc. Plusieurs modernes ont adopté le mot *podagre* comme nom de la goutte en général.

n'en ont été que les observateurs ; aussi,
admire-t-on encore aujourd'hui la description qu'en a donnée, il y a plus de
deux cents ans, l'illustre Sydenham, qui
eut le triste avantage de peindre ses
propres sensations. Rien de mieux n'a
été fait depuis lui, quoique son tableau
offre encore bien des défectuosités. Ce
qui est utile pour les goutteux, ce n'est
donc pas de leur montrer ce qui frappe
tous les regards, de leur enseigner ce
qu'ils ne savent que trop.; mais bien de
leur apprendre à reconnaître la goutte
dans ses formes mal dessinées, *larvées*,
suivant l'expression de l'École, là où tant
de gens, savants ou non, l'ont méconnue
et la méconnaissent encore tous les jours.
Il est important pour les goutteux d'être
en éveil sur ces formes traîtresses, de
savoir les distinguer ; car si on ne les ar-
rête pas dans leur évolution, elles peuvent avoir les mêmes dangers que celle
qui éclate avec l'appareil le plus formi-
dable, et conduire, d'ailleurs, à celle-ci.
C'est donc seulement de ces formes que
nous nous occuperons le plus sommaire-
ment possible, après avoir, toutefois, jeté

un coup d'œil rapide sur la manière dont
les savants ou prétendus tels ont envi-
sagé la goutte dans son ensemble ; cet
aperçu suffira pour montrer le tohu-bohu
où s'agitent ceux qui se sont chargés de
répandre la lumière sur ce sujet difficile.

La plus grande division qu'aient faite
les auteurs, dans l'ensemble de la goutte,
et celle sur laquelle ils sont le plus d'ac-
cord, c'est la distinction de la maladie
en *aiguë* et en *chronique ;* cettre première division est absolument irration-
nelle : les attaques de goutte pourraient,
à la rigueur, passer pour une maladie
aiguë ; mais la goutte elle-même est toujours une maladie chronique, c'est-à-dire
de longue durée ; tellement chronique,
qu'elle dure souvent toute la vie, même
quand elle est traitée le mieux possible ;
seulement alors elle, ou plutôt la vie dure
plus longtemps, voilà tout. Une véritable maladie aiguë, c'est une maladie non-
seulement dont les symptômes sont vio-
lents, vifs tout au moins, dont la marche est rapide, — de quelques jours à
quelques semaines, — et qui, une fois

arrivée à sa fin, laisse l'organisme libre de tout élément morbide et tel à peu près qu'il était avant la maladie. Il n'en est point ainsi de la goutte, même la plus aiguë; quand une attaque est passée, une autre est sans cesse suspendue sur la tête du goutteux, car l'attaque, ce n'est point la maladie, ce n'en est qu'une des manifestations, et même, au dire de certains romanciers médicaux, qu'un des moyens, ou le seul moyen, de guérison; la maladie, c'est l'altération générale des fluides et des solides de l'organisme, altération dont nous essaierons de préciser la cause.

Ainsi, que mes lecteurs soient bien fixés sur ce point :

Il y a des attaques de goutte qu'on peut appeler *aiguës, il n'y a pas de goutte aiguë.*

La première et grande erreur commise sur ce point est liée, d'ailleurs, comme cause ou comme conséquence, — je ne sais trop laquelle des deux, — à une seconde, sinon plus grande, du moins bien plus grave : tous, ou presque tous les podagrologues, parlent constamment d'*attaques* ou d'*accès*, en décrivant la goutte, comme si la maladie consistait uniquement dans ces accès ou attaques. Or, la goutte n'est pas plus exclusivement dans les attaques qu'elle n'est exclusivement dans une douleur vague, fixe, continue ; le plus grand nombre de goutteux même n'a jamais eu d'attaque, et encore moins d'attaques *aiguës*, c'est-à-dire violentes, lesquelles, du reste, se présentent souvent dans la goutte chronique, même pour les étranges logiciens qui adoptent cette division.

Le lecteur devra donc aussi être fixé sur le second point ([1]) :

La goutte se manifeste par des attaques *ou* accès ; mais elle existe *très*

([1]) La logique de ces *savants* est parfois poussée à un degré qu'il serait impossible aux ignorants d'imaginer. Le *podagrologue* qui jouit aujourd'hui de la plus grande autorité dit : « *la ligne de démarcation entre la goutte aiguë et la goutte chronique est* TOUT-A-FAIT *arbitraire* ; cependant, quand la goutte fait de *fréquentes invasions*, elle peut, *à juste titre*, prendre le nom de chronique ! » Ainsi, c'est quand les attaques sont fréquentes que la maladie doit-être qualifiée de chronique ! Un naïf aurait pu croire le contraire.

souvent, peut-être même le plus sou-
vent, indépendamment de tout accès.

Pour la plupart des classificateurs savants, la goutte aiguë ou la goutte chronique, — (qui ne sont qu'une) — sont,
à leur tour, *régulières* ou *irréguliè-*
res, ces savants donnant d'ailleurs des
sens très différents aux mots régulier et
irrégulier, et des sens dont aucun n'a de
rapport avec celui que leur attribue le
vocabulaire français. La plupart encore
font les mots *normal* et *anormal* syno-
nymes de régulier et d'irrégulier ; c'est
gâchis sur gâchis ou galimatias double.

Donc, encore un troisième point sur
lequel le lecteur doit être fixé :

Il n'y a jamais, si ce n'est transitoire-
ment, dans les premières attaques, et
encore *peut-être,* rien de régulier dans
la marche de la goutte ; par conséquent,
il n'y a pas de goutte régulière ([1]).

____

([1]) Il est vrai que certains podagrologues
appellent goutte *régulière* celle qui ne s'attaque qu'aux jointures ; mais, d'abord, il n'y a
pas de goutte qui ne s'attaque qu'aux articulations, et celle qui s'y attaque principalement
n'est pas plus régulière que les autres.

Par la même raison, *il n'y a pas de goutte périodique*, autre forme que des classificateurs romantiques ont également admise.

On pourrait citer plusieurs autres prétendues formes de goutte tout aussi bien fondées que les précédentes ; mais le lecteur trouvera sans doute qu'il serait inutile, si ce n'est fastidieux, de s'arrêter davantage à des distinctions fantaisistes, chimériques ou déraisonnables, et qu'il vaut mieux s'occuper sans plus tarder de celles qui sont fondées sur la raison et sur l'observation, et qui peuvent éclairer les goutteux sur la préservation et la curation de leur maladie. C'est ce que nous allons faire.

Une des premières distinctions à établir, et la plus utile peut-être, est celle d'une goutte *apparente, manifeste, évidente, frappante* même, — mots qui n'expriment pas avec toute la perfection désirable l'idée qu'il s'agit de rendre, mais dont il faut bien se contenter, faute de meilleurs, — et d'une goutte *cachée, latente, larvée*, comme nous l'avons et comme on l'a déjà désignée, sans que ces mots soient plus irréprochables que les précédents.

Pour nous en tenir à deux de ces mots, nous admettrons donc une goutte *évidente* et une goutte *latente*.

La première est celle qui procède par accès et qui envahit exclusivement ou principalement, dans les premières attaques du moins, les petites jointures ou articulations des pieds et des mains, plus particulièrement celles des deux gros orteils, et plus encore le gauche. De celle-là il serait inutile de s'occuper longuement, car il n'y a aucun risque qu'elle passe inaperçue.

Il n'en est pas de même de la forme larvée, à laquelle nous devons accorder, au contraire, toute notre attention.

Comme on l'a vu, les podagrologues ont parlé de goutte *larvée ;* ils ont donc reconnu une forme larvée. Mais ils sont loin de l'avoir vue et signalée partout où elle est, et nous-même ne saurions avoir la prétention de la décrire d'une manière complète, tant elle se présente sous des formes variées et insidieuses. On a parlé, dans l'École, de maladies *protéi-*

formes; de tous les protées morbides la goutte est, sans contredit, le plus achevé. Poursuivons-le donc partout où nous pourrons.

Les médecins, très-amateurs d'argot scientifique, ont désigné, en mauvais latin, par le mot de *prémonitoires*, les symptômes qui précèdent ou peuvent précéder les attaques de goutte, et qu'ils auraient pu tout aussi bien appeler, en bon français, *précurseurs* ou *avant-coureurs*. Mais ils n'ont eu en vue que ceux de ces symptômes qui précèdent de quelques jours ou de quelques semaines — (un auteur dit cependant deux ou trois mois, pour l'un de ces symptômes seulement) — l'attaque de goutte, car nous avons déjà dit que les podagrologues ne voient la goutte que dans les attaques et dans ce qui les précède ou les suit immédiatement. C'est un point de vue très faux qu'il importe de rectifier.

Dans la goutte, comme dans toute maladie, les symptômes précurseurs font tout aussi bien partie de la maladie que les autres et, dans la goutte plus spécialement, ils peuvent constituer et constituent souvent toute la maladie. Nous ne perdrons donc pas notre temps à discuter chacun des prodrômes signalés par les podagrologues ; nous nous contenterons de les énumérer, et nous les étudierons ensuite séparément, tout en les complétant ; car le tableau qu'on en a tracé est loin d'être achevé. Voici ce tableau, quelque peu coordonné, celui qui a été dressé par les podagrologues, ne pêchant pas seulement par omission, mais à peu près autant par désordre. L'attaque de goutte serait donc précédée, le plus souvent, par tous ou par le plus grand nombre ou par quelques-uns des phénomènes suivants, d'après les podagrologues :

Diminution ou dépravation de l'appétit, goût des acides, des excitants, sel, épices, etc. ; quelquefois, au contraire, augmentation de l'appétit ; — chaleur, quelquefois très-forte à l'estomac (*pyrosis*), sentiment de pesanteur, de plénitude de cet organe, — (une célébrité semble désigner ce sentiment par le mot *oppression*), — tantôt de véritables douleurs, (gastralgie), surtout après le repas ; — flatuosités, expulsion de gaz de mauvais goût, quelquefois de goût d'œufs pourris, renvois de pituites, acides ou non ; constipation.

Urines rares et fortement colorées ou abondantes et pâles, contenant parfois un sable rosé ; leur émission quelquefois douloureuse ; dans quelques cas, écoulement blanc-jaunâtre par le canal de l'urètre (blennorrhée) ; irritation de la vessie (?).

Douleur à l'hypochondre droit, augmentation de volume et *embarras* (?) du foie. — (C'est ce prodrôme qu'on a donné comme précédant de deux ou trois mois l'attaque de goutte.)

Palpitations, irrégularités du pouls.

Irritation ou inflammation des yeux, (un ou deux jours avant l'accès).

Abattement, sentiment général de lassitude ; pesanteur de tête, inaptitude à tout travail intellectuel, malaise indéfinissable, excitabilité, irascibilité, inquiétude morale, morosité, rarement exhaltation des qualités brillantes, *crampes violentes, hoquet, démangeaisons à la peau, grincements de dents.*

Quand on a des organes faibles, aggravation de leurs dispositions, ainsi toux, dyspnée plus fortes chez les catarrheux ; hémorrhoïdes.

Tous ces symptômes disparaissent quelquefois un peu avant l'attaque ou pendant son cours.

Ils peuvent tous manquer, surtout avant la première attaque.

Voilà le tableau sommaire des prodrômes ou phénomènes précurseurs, tracé par les podagrologues. Il s'agit maintenant de le compléter, de l'étudier en détail, d'en définir le véritable caractère, la véritable signification.

Et d'abord, pour commencer par la remarque qui clot ce tableau, disons que les phénomènes précurseurs ne manquent jamais, même avant la première attaque de goutte, quand la maladie doit se présenter sous forme d'attaques. Il suffit de réfléchir un instant à ce qu'est la goutte, pour comprendre qu'il n'est guère possible qu'il en soit autrement. Il est universellement admis, aujourd'hui, que la goutte est caractérisée par la présence dans le sang d'un des principes constituants de l'urine, l'acide *urique* ou *lithique* ; il est même aussi à peu-près universellement admis que la goutte est due uniquement à cette altération spéciale du sang, à l'*urémie*, comme on dit, — (urine ou principe d'urine dans le sang.) — Sur ce dernier point, nous verrons qu'on doit différer ; mais ce qui ne saurait être mis en doute, ce qui est absolument certain, c'est que la goutte consiste dans une altération générale de l'organisme, et que cette altération générale, *constitutionnelle*, comme on dit, fût-elle une altération exclusivement produite par la présence dans le sang de l'acide urique, elle ne saurait se développer ni en quelques jours, ni en quelques semaines, ni même en quelques mois ; sa cause, son mode de formation suffissent seuls à le prouver. Lors donc, qu'une attaque de goutte éclate, l'altération générale, c'est-à-dire, en réalité, la maladie, existe déjà depuis des années, moins prononcée sans doute, mais assez pour déterminer constamment quelques symptômes saisissables. Dans les cas très fréquents de goutte héréditaire, on peut même constater ces symptômes dès la première enfance. L'auteur de cet opuscule, qui a, comme Sydenham, le triste privilège d'avoir reçu ce fàcheux héritage, a éprouvé, dès sa plus tendre jeunesse, deux et mème trois genres de souffrances qui ont laissé dans sa mémoire des traces ineffaçables, et dont il n'a trouvé que bien plus tard l'explication. Son histoire est instructive pour les goutteux.

Ses premières douleurs consistèrent en crampes d'estomac, qui se développaient presque soudainement et acquéraient promptement un tel degré de violence, qu'elles semblaient à chaque instant devoir provoquer la syncope. Ces douleurs semblaient être dues à des contractions énergiques de l'estomac pour expulser de sa cavité un corps qui ne bougeait pas ; et il semblait que telle fût bien, en effet, la cause de la douleur, car après dix minutes, un quart d'heure, rarement davantage, on sentait dans l'estomac un léger mouvement, comme un déplacement de gaz, et avec ce déplacement, atrocement douloureux, se déplaçait aussi la douleur, laquelle parcourait toute la longueur du canal intestinal, sous forme de coliques sur-aiguës, qui commençaient à diminuer vers la fin de l'intestin, pour cesser quelques minutes après l'expulsion de gaz en très-petite quantité, et hors de toute proportion avec les souffrances endurées. Ces coliques se renouvelaient plusieurs fois par an ; elles sont devenues de plus en plus rares, à mesure qu'on a avancé en âge, et ont disparu à peu près complètement vers 13 ou 14 ans.

Un second genre de douleur avait encore pour siège l'estomac, mais offrait un caractère tout différent et beaucoup moins facile à décrire. C'était une douleur peu aiguë, vague dans toute la région de l'estomac, produisant un sentiment général de défaillance imminente, un profond dégoût pour les aliments, et comme une menace incessante de vomissement, quoique le vomissement n'ait cependant jamais eu lieu ; cette sensation, extrêmement pénible, se produisait invariablement chaque fois qu'on se levait de bonne heure, et jamais on ne manquait de l'éprouver à la messe basse matinale, à laquelle le patient assistait à peu près tous les dimanches, pour pouvoir consacrer à ses jeux tout le reste de la journée. Lorsqu'on se levait tard, cette sensation se manifestait très rarement. Vers quatorze ou quinze ans, cette douleur a cessé de se produire, si ce n'est à de très longs intervalles, jusque vingt-huit à trente ans ; elle s'est remontrée alors dans des conditions nouvelles, avec des caractères bien plus accentués encore ; elle ne se montrait plus seulement lorsque le patient était matinal, mais invariablement tous les jours, depuis le lever, vers huit à neuf heures, jusqu'au déjeuner. La patient faisait à cette époque, chaque matin, une visite médicale d'hôpital fort longue, et le sentiment de défaillance, qui durait pendant toute la visite, devenait par moments si accentué, que la syncope se serait infailliblement produite, si le patient ne s'était assis ; il était obligé de s'assoir ainsi, trois, quatre, cinq ou six fois, pendant la première heure de visite, qui, naturellement, se faisait debout. Ce qu'il y avait d'extrêmement bizarre dans cette douleur vague, c'est qu'elle s'accompagnait d'une telle tendance au vomissement, du moins en apparence, par conséquent d'un tel dégoût pour les aliments, qu'il semblait qu'à la première bouchée qu'on allait prendre, le vomissement aurait infailliblement lieu ; or, chose extraordinaire, à peine cette première bouchée était-elle avallée, que tout sentiment de malaise disparaissait instantanément, et que le déjeuner s'achevait dans les meilleures dispositions ; c'est bien dans des cas semblables qu'on peut dire que l'appétit vient en mangeant. Ce fâcheux symptôme a duré environ six ou sept ans, dont environ trois ans de la manière la plus prononcée.

Le troisième symptôme n'a été ressenti qu'un très petit nombre de fois, et c'est pour cela que je ne l'ai mentionné qu'accessoirement ; il consistait en des exhaltations de la sensibilité de la peau telles, que la moindre pression était douloureuse, soit en quelques points limités, soit sur toute la surface cutanée ; deux fois, mais surtout une, la sensibilité fut portée à un tel degré que le souvenir ne saurait s'en perdre. C'était un jour de Pâques ; le

patient avait dix à onze ans. Au moment
où sa toilette s'achevait et qu'il se dispo-
sait à se rendre à la grand'messe, il res-
sentit sur toute la peau, mais surtout au
ventre, à la poitrine, au dos et au cou, comme
une innombrable quantité de petites
épines qui le piquaient ; il accusa d'abord
quelque domestique d'avoir répandu dans
sa chemise de ces petits poils qui se
trouvent au centre des fruits de rosiers,
(cynorhodons), et tiennent aux graines ;
c'est une plaisanterie de campagne à laquelle les enfants, grands ou petits, se
livrent quelquefois. Il eut recours à son
excellente mère, courut à sa chambre,
se fit déshabiller, afin d'examiner la
chemise ; l'inspection scrupuleusement
faite, ainsi que celle des autres vêtements,
il fut évident qu'il n'y avait la moindre
trace de poils de cynorhodons, ni de crin
coupé, ni d'épingles ; d'ailleurs, la sensation de piqûres continuait, même dans
l'état de nudité ; chaque fois que la peau
subissait le moindre contact, fût-ce celui
d'un coin de chemise ou de mouchoir, il
semblait qu'on enfonçât des épingles dans
la peau, et le patient ne pouvait s'empê-

cher de pousser des cris. L'*attaque* ou crise dura plusieurs heures, pendant lesquelles le patient dut rester dans sa chambre, dans un état de nudité complète. Depuis ce jour-là il n'a jamais éprouvé que quelques exagérations très partielles de la sensibilité cutanée ; mais il a eu l'occasion d'en voir de semblables chez plusieurs goutteux, et, notamment, un cas des plus terribles sur un malheureux ecclésiastique chez qui elle a duré des années, plus ou moins vive, et assez aiguë, *souvent*, pour obliger l'infortuné malade à passer des journées et même des nuits consécutives, nu dans sa chambre et debout, ne pouvant pas même s'asseoir pour prendre un potage. On ne s'était pas avisé que cet état cruel pût tenir à la goutte. Mon attention, à cette époque, était déjà éveillée sur la nature de ces accidents ; je conseillai le traitement anti-goutteux qui sera décrit ci-après, auquel j'associai les douches générales d'eau froide, et vers la huitième et neuvième semaine, le pauvre prêtre put retourner à sa cure pour y remplir ses fonctions.

Mais à quoi donc reconnaître que les accidents précédents sont dus à la goutte? C'est ce que l'on comprendra quand nous aurons complété l'observation que nous avons commencée, et fait remarquer le mode de succession et les connexions des faits qu'elle révèle.

Après qu'il fut presque complètement délivré des accidents précédemments décrits, l'auteur de cet opuscule n'éprouva, de douze ou treize ans jusqu'à dix-neuf ou vingt que d'assez fréquents maux de gorge, (angines), et de rares douleurs dans divers muscles, plus spécialement dans ceux de l'épaule et du cou (torticolis). Vers vingt ou vingt-et-un ans, il s'aperçut chaque matin, qu'un dépôt considérable de poudre rose, couleur de brique pâle, ou plus ou moins foncée, existait au fond du vase de nuit ; ce dépôt, le plus abondant que j'aie eu l'occasion d'observer, n'occupait pas au fond du vase une épaisseur moindre de quatre à cinq centimètres ; il était tout semblable à la brique pilée, et persista pendant plusieurs années, quatre ou cinq au moins, sans manquer un seul jour. L'analyse n'en fut point faite ; mais ce qu'on sait aujourd'hui de la composition des urines ne permet pas de douter qu'il fût composé d'acide urique ; plus tard, quand il devint moins abondant, il se mélangea de quelques grains plus rouges, brillants, c'est-à-dire cristallisés ; puis, ces derniers se formèrent seuls, mais en beaucoup moins grande quantité que le premier dépôt ; il y en avait à peu près une pincée chaque matin au fond du vase ; ceux-là diminuèrent encore et finirent par disparaitre, un an peut-être ou dix-huit mois après qu'ils se furent montrés seuls.

Pendant cette longue période, l'auteur de cet écrit n'éprouva aucun accident assez notable pour avoir fixé son attention, pas le moindre accident surtout du côté des voies urinaires, sur lesquelles, on le comprend, le dépôt considérable dont je viens de parler avait appelé un examen attentif de chaque jour. C'est à peu près vers l'époque où tout dépôt urinaire avait disparu, ou quelque temps après, je ne saurais préciser au juste, que des douleurs modérées se firent sentir dans l'articulation du gros orteil droit

avec le corps du pied (articulation méta-
tarso-phalangienne). Il faut remarquer
qu'à cette époque, le patient avait déjà
pris, depuis longtemps, l'habitude d'aller
dîner une ou deux fois par semaine en
ville à des tables trop bien servies, et
que son régime n'avait plus la sobriété qui
avait toujours été observée jusque là.
On n'attacha pourtant pas trop d'importance, d'abord, à ces douleurs articulaires ; on continua le même régime de
vie, sans qu'elles augmentassent sensi-
blement, mais sans qu'elles diminuassent
non plus, au moins d'une manière per-
manente, car à certains jours, elles se
faisaient sentir à peine, tandis que dans
d'autres, elles étaient, par instants, très-
aiguës. A quelque temps de là, (plusieurs
mois), de semblables douleurs peu vives
se manifestèrent dans la jointure correspondante du gros orteil gauche, sans
disparaître du côté droit ; par moments,
elles y étaient même plus vives. Plus
tard, elles se montrèrent à l'endroit le
plus saillant du dos, ou voûte du pied,
(articulation du premier os métatarsien
avec le tarse); à cette époque, de la rou

geur et du gonflement s'étaient déjà dé-
veloppés à la jointure du gros orteil
droit, et aussi un peu, mais beaucoup
moins, à gauche ; il s'en développa de
même sur la voûte du pied ; la chaussure,
qui était juste mais non étroite, ne tarda
pas à devenir insupportable, par l'accrois-
sement de douleur qu'elle occasionnait
sur les points affectés, surtout pendant
la marche et par les temps chauds ; il
fallut remplacer les bottes vernies par
des souliers larges et découverts, qui
laissaient à l'air la plus grande partie du
pied. Le gonflement augmenta néanmoins,
même sur le dos du pied, où il forma,
ainsi qu'autour de la jointure du gros
orteil, une véritable tumeur. Pareille tumeur, moins considérable, ne tarda pas
à se développer à gauche. De leur côté,
les douleurs augmentaient pendant la
marche et rendaient celle-ci pénible ;
il fallait qu'elle eut lieu sans que
la jointure du gros orteil y prit part, sans
quoi une violente douleur, qui se pro-
longeait souvent pendant plusieurs
heures, en était infailliblement la conséquence. Dans l'état de repos, les douleurs

étaient généralement modérées, et assez souvent absentes ; parfois, cependant, elles traversaient les jointures comme un violent courant électrique ; très-rarement elles avaient lieu la nuit, si ce n'est après les longues marches, les jours où celles-ci avaient été possibles.

Les limites dans lesquelles doit se renfermer cette instruction ne nous permettent pas d'exposer en détail tous les autres symptômes qui suivirent ceux dont on vient de lire le très-bref résumé ; nous nous bornerons donc à les énumérer. Voici quels furent ces symptômes ;

Douleurs plus ou moins vives, plus ou moins prolongées, (de quelques jours à plusieurs semaines), dans divers muscles, mais spécialement dans ceux du dos, de la poitrine, des épaules, du cou, des lombes (lumbago), trois ou quatre fois, légère paralysie de certains muscles des jambes, à la suite de ces douleurs ;

Quatre ou cinq fois, le lumbago gagna peu à peu la cuisse gauche où il se transforma en une sciatique, qui, une fois, acquit le plus haut degré d'intensité, tint le patient sur le flanc pendant un mois, et ne disparut complétement qu'après quatre à cinq ;

Quatre ou cinq fois, apparition soudaine d'une sorte d'angine de poitrine, [1] qui, une fois, suspendit complétement la respiration, pendant plusieurs secondes et faillit causer l'asphyxie ; nombre d'autres fois, les mêmes douleurs, mais à un degré infiniment moins violent, se firent sentir dans la poitrine ;

Eblouissements et vertiges qui, lorsqu'ils se manifestaient dans la rue, obligeaient parfois le patient à s'appuyer contre un mur ; d'autres fois, ces vertiges se bornaient à une tendance très forte à marcher obliquement à droite ou à gauche, et ce n'était que par un effort de volonté que la marche pouvait avoir lieu en ligne droite ;

Des douleurs se manifestèrent aussi sur plusieurs jointures où elles ne persistaient pas au-delà de quelques jours

[1] Nous regrettons de pouvoir insister sur ce symptôme, qui, à notre connaissance, a tué plusieurs goutteux et dont on trouvera la description dans le traité auquel nous renvoyons.

ou quelques semaines, à deux exceptions près, mais très remarquables : A la jointure du coude-pied droit, d'abord, ces douleurs persistèrent *pendant quatre ou cinq ans*, généralement faibles, quelquefois presque nulles, dans l'état de repos, mais se développant toujours pendant la marche, de façon à rendre souvent celle-ci très pénible et parfois même impossible, au-delà de quelques centaines de mètres ; après cette longue durée, les mêmes douleurs apparurent sur l'articulation correspondante gauche, presque aussitôt après que la droite fut devenue libre, et elles y persistèrent à peu près aussi longtemps. Pendant ce long espace, il se montra rarement des douleurs ailleurs ; du reste, lorsque quelque muscle se prenait ou une articulation, comme celle d'un des genoux, par exemple, où la douleur s'est plusieurs fois déclarée et a persisté pendant plusieurs semaines, lorsque le lumbago surtout se manifestait, toute souffrance disparaissait ou diminuait considérablement sur les autres points, de sorte que le patient souffrait à peu près constamment quelque part, mais très-rarement dans plusieurs endroits à la fois.

Il n'avait pas attendu que la douleur eut envahi depuis longtemps le premier coude-pied pour se soumettre au traitement régulier que nous indiquerons plus loin avec tous les détails nécessaires ; voici quels en furent les résultats :

Diminution lente mais progressive des douleurs permanentes des orteils et du dos du pied droit ; diminution encore plus lente des grosseurs ; douleurs des autres jointures et des muscles de moins en moins fréquentes ; les défaillances de l'estomac ou plutôt par malaise de l'estomac, disparaissent à peu près complètement ; elles reparaissent pourtant quelquefois, mais à un faible degré, lors d'un lever très matinal ; la marche est devenue plus facile, et ce n'est que lorsqu'elle a été prolongée que quelques douleurs vagues se manifestent aux jointures des gros orteils, surtout à droite, et des coude-pieds. La grosseur du dos du pied droit, laquelle était évidemment un de ces dépôts goutteux désignés sous le nom de *tophus*, a disparu complètement,

ainsi que toute rougeur et toute douleur ;
la grosseur du gros orteil gauche a complètement disparu aussi ; mais il reste
toujours une grande tendance à la rougeur, sous la moindre pression ou le
moindre frottement, et aussi une disposition à une légère douleur, après les marches prolongées ; enfin, au gros orteil
droit, la grosseur a disparu en grande
partie ; mais elle persiste à un certain
degré, et n'a pas varié depuis plus de
quinze ans ; ce qui en reste, évidemment formé par un développement de
l'os, est d'ailleurs insensible aux plus fortes pressions, tout comme l'os normal.
Les mouvements de cette articulation
sont très diminués ; ceux de l'articulation
correspondante gauche le sont aussi,
mais moins.

En résumé, quoique arrivé à l'âge de
près de 67 ans, le patient n'éprouve que
de très-légères douleurs ; et de loin en loin ;
mais son estomac reste très-sensible au
moindre écart de régime, et il ne peut
prendre une part honorable à un repas
copieux et surtout boire un seul verre de
vin pur, même de vieux Bordeaux, sans

qu'il s'en suive une digestion pénible et un certain malaise général ; ses digestions, du reste, bien qu'il suive le régime le plus sévère, sont toujours un peu lentes, et souvent occompagnées de quelques renvois gazeux sans caractère spécial ; Pour compléter cette histoire, autant que le permet la briéveté· du récit, il faut ajouter que le goutteux qui en est le sujet a été soumis aux plus rudes épreuves morales, pendant la plus grande partie de sa vie.

Les faits que cette histoire met en lumière ne complètent pas tout-à-fait le tableau de la variété de goutte que, bien à tort, on a appelée *anormale* ou *irrégulière*, puisqu'elle est *au moins* aussi fréquente et par conséquent, aussi normale que celle qui procède par attaques et occupe exclusivement les jointures, à supposer même que celle-ci existe, ce qui n'est pas bien sûr ; mais tel qu'il est, ce tableau nous permet déjà de répondre à cette question que nous avons posée ci-dessus : à quoi reconnaître que tels accidents mentionnés dans l'histoire qui précède et dans beaucoup d'autres analogues, sont bien dus à la goutte, quand ils ont lieu ailleurs que dans les jointures ? les savants qui se sont posé cette question, et qui l'ont trouvée « hérissée de difficultés, » suivant les termes de l'un d'eux, et des derniers venus, auraient pu la faire précéder de cette autre : à quoi reconnaître que les accidents qui ont lieu sur plusieurs articulations, simultanément ou alternativement, sont dus à une même cause ou autrement dit à la même maladie, à la goutte ? Ces deux questions sont presque tout-à-fait les mêmes, et pourtant, — chose qui pourrait paraître étonnante, si l'on ne connaissait déjà un peu les savants de la catégorie médicale, — tandis qu'ils ont trouvé l'une hérissée de difficultés, ils n'ont point paru se douter que l'autre en présentât la moindre. Ce qui leur fait juger avec raison que les douleurs, la rougeur, le gonflement, les dépôts des jointures font partie d'une même maladie, c'est que tous ces accidents se produisent ensemble, ou successivement, en se continuant en quelque sorte, ou alternativement, en se substituant les uns aux autres, en se servant, si l'on nous permet ce mot, de *remplaçants*. Ainsi en est-il de tous les accidents qui ont lieu sur d'autres organes. Il ne faut rien outrer pourtant : si l'on ne conserve que très rarement des doutes sur la nature des accidents articulaires, c'est que, à l'exception de ce qu'on a fort à tort, appelé le *rhumatisme articulaire aigu*, et de ce qu'on a appelé, non moins à tort, le *rhumatisme* noueux, les jointures ne sont presque jamais atteintes que par la goutte, tandis que l'estomac, le cœur, le cerveau, les reins, le foie, les muscles eux-mêmes, — quoique bien rarement, — les nerfs, la peau, etc., peuvent souffrir de maladies très diverses ; il serait donc exagéré de prétendre qu'il soit tout-à-fait aussi facile de reconnaitre la goutte de tous ces organes que celle des articulations ; mais il ne serait pas moins déraisonnable de croire que cette reconnaissance ou, comme disent les savants, ce *diagnostic*, offre des difficultés insurmontables ?

Lorsqu'une ou quelques-unes des souffrances que nous avons mentionnées, ou d'autres encore que les limites de cet opuscule ne nous permettent pas de décrire, précèdent, suivent, accompagnent des accès·de goutte articulaire, ou alternent avec eux, on a, dès la première attaque, les plus grandes probalilités que ces souffrances tiennent à la goutte; quand les mèmes souffrances se renouvellent avant, pendant, après ou entre·plusieurs accès, les probabilités deviennent certitude.

Lorsque la goutte ne procède pas par attaques, la nature des souffrances extra-articulaires peut être moins facile à déterminer, mais, ici encore, l'alternance de ces souffrances, soit avec des douleurs articulaires, soit entre elles-mêmes, ne permet guère de doutes, dans les premiers temps·de la maladie et, plus tard, n'en permet plus du tout. Même en l'absence de toute douleur articulaire, l'alternance et la substitution d'autres douleurs les unes aux autres devra les faire attribuer à la goutte, car cette maladie, ainsi que nous l'avons déjà dit, peut exister, quoique rarement, en l'absence de toute douleur des jointures.

Lorsque des douleurs alternantes ou

substitutives auront été précédées, accompagnées ou suivies de ces dépôts rosés ou briquetés dans l'urine, que nous avons mentionnés, (acide urique), le *diagnostic* sera encore, s'il est possible, plus assuré.

Si le *diagnostic* de la goutte extra ou, comme on a dit, ab-articulaire est moins facile que celui de la goutte des jointures, il est plus important. La goutte articulaire peut faire souffrir cruellement ; mais elle ne tue jamais ; c'est la goutte des organes internes qui tue seule, c'est donc elle plus encore que l'autre qu'il faut soigner, et ne pas se croire à l'abri du danger, quand les jointures ne sont plus douloureuses, car c'est le contraire qui est vrai.

Ce que nous venons de dire suffit pour mettre tous les goutteux en garde contre la goutte dite *larvée*, que d'aucuns ont aussi appelée *rétrocédée* ; mais cette dernière qualification, de même que celle de *remontée* ne devrait s'entendre que de la goutte qui, abandonnant brusquement une jointure, se porte sur un organe interne, et y cause des accidents

graves, quelquefois presque instantanément mortels. Il y a beaucoup à dire sur
ces accidents ; nous aurions aussi beaucoup de particularités à signaler encore
sur la goutte *extra* ou *ab-articulaire* ;
nous sommes obligés de les passer sous
silence ; ceux qui seront curieux de les
connaître les trouveront dans l'ouvrage
dont nous avons précédemment donné le
titre.

CAUSES DE LA GOUTTE

Aliments. — Avec l'art culinaire et
la vie sédentaire la goutte apparut dans
le monde ; c'est dire que son origine remonte
aux premiers âges de la civilisation, et
que les plaisirs de la table en sont la prin-
cipale, nous dirions presque volontiers
l'unique cause, au moins l'unique cause
primitive. Il serait inutile d'insister sur
ce fait ; l'étude de toutes les autres causes
et du traitement le développera suffisamment.

Boissons. — Faut-il comprendre les
boissons et toutes les boissons ou seule-

ment quelques-unes, parmi les aliments qui causent ou contribuent à causer la goutte ? Sans entrer, ici plus qu'ailleurs, dans les dissertations auxquelles les savants se sont livrés pour soutenir, comme toujours, les uns le pour, les autres le contre, nous nous bornerons à déclarer que les boissons alcooliques ne jouent aucun rôle dans la production de la goutte; la preuve, c'est qu'on ne rencontre pas de goutteux parmi les ivrognes du peuple; ceux d'Angleterre, et surtout de Londres font, paraît-il, exception à la règle; mais ces ivrognes s'enivrent surtout de bières fortes, *stout*, *porter*, etc., qui sont très nutritives, et ils mangent en outre, beaucoup de viande ; aussi l'exception ne se trouve-t-elle plus dans le peuple d'Ecosse et d'Irlande. Le Madère, le Xérès, le Porto, etc., ont été particulièrement accusés sans être plus coupables que les autres vins ; les consommateurs de Porto ont des tables succulentes, et c'est à l'alimentation solide qu'il faut attribuer la goutte qui les tourmente si fréquemment. Le cidre, doux ou acide, n'a pas de plus mauvaise influence que les autres boissons alcooliques ou acides. Un médecin anglais qui s'est acquis une grande réputation par un traité sur la goutte, écrit dans ce traité : « De toutes les causes, qui disposent à contracter la goutte, l'usage des boissons fermentées est, sans contredit, la plus puissante. » Croyez tout le contraire, et vous serez à peu près dans le vrai.

Sédentarité. — L'inaction physique est le plus puissant auxiliaire, pour ne pas dire le seul, de la table succulente. Inutile de s'y appesantir davantage ici, d'amples détails devant être donnés à propos du traitement.

Travaux intellectuels. — Quoique les goutteux soient gens intelligents, i ne faut pas croire avec les médecins, parmi lesquels on regrette de trouver le célèbre Sydenham et le non moins illustre Boerhaave, que les travaux même exagérés de l'esprit puissent déterminer la goutte. On cite souvent, de l'autre côté du détroit, comme martyrs de la goutte, les deux Pitt et presque tous les hommes politiques distingués d'Angleterre. Mais si l'on retranchait l'influence du régime alimentaire que suivent tous ces personnages, il ne resterait plus rien pour le compte du travail intellectuel. Dans ces cas particuliers, cependant, le travail peut favoriser la mauvaise influence d'une alimentation succulente et surabondante, en rendant la digestion encore plus laborieuse qu'elle ne le serait, si le cerveau ne détournait pas une partie de la force vitale, qui est d'autant plus nécessaire à l'estomac, qu'il est plus rempli. Chez les savants, les poètes, les philosophes sobres et pauvres, comme Newton, Corneille, Spinosa, etc., le travail de l'esprit ne cause jamais la goutte.

Impressions morales tristes. —Elles ont une action analogue au travail intellectuel, mais plus prononcée, c'est-à-dire qu'elles troublent profondément la digestion et peuvent, ainsi, contribuer à favoriser le développement de la goutte ; mais, comme avant de troubler la digestion, le chagrin altère d'abord l'appétit, son influence podagrogène se trouve neutralisée.

Excès génitaux. —Leur influence est nulle à l'égard de la goutte.

Climats. — C'est un fait bien démontré que la goutte est moins fréquente dans les climats chauds que dans les tempérés, et qu'elle est même à peu près inconnue entre les tropiques ; mais cela tient uniquement à ce que le régime alimentaire qui engendre la goutte est imcompatible avec les températures élevées, et que ceux qui veulent persévérer dans ce régime, comme cela arrive à beaucoup d'Anglais, dans l'Inde, contractent des maladies bien autrement graves que la goutte, qui les emportent ou les obligent à retourner malades dans leur pays, avant que la goutte ait eu le temps de se développer. L'influence préservarice des climats chauds consiste donc uniquement dans la sobriété qu'ils imposent à leurs habitants.

Saisons. — Hippocrate et Galien placent au commencement du printemps la première attaque de goutte et les accès les plus fréquents ; Sydenham les place au mois de janvier ou février. Il est naturel que les attaques de goutte soient plus fréquentes à la fin de l'hiver, puisque cette saison est celle où il se commet le plus d'excès de table ; quant à la goutte qui ne procède point pas accès, elle sévit dans toutes les saisons à peu près également ; peut-être est-elle, cependant, plus tourmentante en hiver.

Les causes ou prétendues causes de la goutte que nous venons d'énumérer sont étrangères aux goutteux ; celles dont il nous reste à parler sont inhérentes à leur personne même.

Hérédité. — Pour quelques écrivains, il n'y a de goutte que celle qui est transmise héréditairement ; le seul bon sens aurait dû les préserver de cette exagération. Puisque personne n'a méconnu ni pu méconnaitre l'influence d'un régime animal et surabondant, il est évident que ce régime pouvait suffire pour provoquer la maladie, et que le premier goutteux ne l'avait reçue de personne. Sir C. Scudamore a compté 309 gouttes héréditaires sur 532 goutteux où il s'est enquis de l'hérédité.

La goutte héréditaire se manifeste environ dix ans plutôt que l'autre, ce qui s'explique encore fort naturellement.

Ages. — La goutte qui procède par attaques est presque sans exemple dans l'enfance et même dans l'adolescence. Ce que l'auteur de cet écrit a observé sur lui-même prouve qu'il n'en est pas ainsi de l'autre. Rarement aussi, la goutte se développe à un âge très-avancé ; l'époque par excellence de sa floraison est de trente à quarante ans. L'action prédominante du régime explique cette particularité ; mais nous ne pouvons insister ici sur l'explication ; le lecteur qui désirera des détails sur ce point comme sur tous les autres, les trouvera dans l'ouvrage auquel nous avons déjà renvoyé.

Sexes. — Les femmes sont très rarement atteintes de la goutte ; c'est encore dans le régime différent des deux sexes que ce fait trouve son explication. Celles qui en sont atteintes l'ont presque toutes reçue par hérédité. Elle n'affecte presque jamais, chez elles, la forme dite *régulière*, c'est-à-dire celle qui procède par attaques.

Hippocrate dit que les eunuques sont exempts de la goutte. Le fait nous parait très douteux ; mais il ne nous intéresse pas assez pour que nous cherchions à le vérifier, ce qui ne serait pas facile.

Constitution, tempérament. — On a prétendu que les fortes constitutions, les tempéraments sanguins étaient prédisposés à la goutte. Le fait n'est nullement démontré ; s'ils en sont affectés plus fréquemment que les constitutions frêles, c'est très-probablement ou plutôt certainement parce qu'étant moins obligés de s'observer, ils suivent beaucoup plus souvent un régime propre à engendrer la goutte.

Causes locales, causes des accès. — Les émotions morales tristes et durables, non plus que les fortes émotions passagères de toute nature, joie, peine, colère,

frayeur, ne sauraient, avons-nous dit, produire la goutte ; mais ces émotions peuvent déterminer un accès, ce que certains
auteurs appellent à tort produire la goutte.

Des sensations, des actions physiques
qui ne peuvent pas davantage l'engendrer, peuvent, soit en provoquer un accès,
soit la déterminer ou la fixer sur une point
donné : ainsi peuvent agir un coup violent, une pression continue, quoique non
violente (celle des chaussures, notamment),
le froid, surtout agissant sur un point
limité, quand les points environnants sont
garantis ; il n'est pas rare, par exemple,
de voir une douleur goutteuse se fixer
d'une façon très-pénible et très-opiniâtre
sur le talon des personnes qui portent
des pantoufles à la turque, c'est-à-dire
sans quartier, et qui laissent le talon à
nu, exposé au froid, tandis que le reste
du pied est protégé. Le froid agissant sur
le corps entier n'a pas le même inconvénient ; mais il peut provoquer un accès,
quand il saisit brusquement un goutteux
sortant d'une température chaude.

On a attribué le même effet à une
grande fatigue physique, mais on n'a

pas suffisamment justifié cette opinion.

Quelques autres causes de goutte ont encore été mentionnées, sans être appuyées de preuves suffisantes ; il serait inutile de les énumérer.

PRÉSERVATION ET CURATION DE LA GOUTTE

---

a. — *Préservation*.

Il peut être difficile de se préserver de la fluxion de poitrine, de la variole ou de la fièvre typhoïde ; mais se préserver de la goutte, quand on ne l'a pas reçue en héritage, c'est tout simplement ne pas se la donner. Or, en disant par quel régime on se la donne, nous avons dit implicitement par quel régime on s'en préserve ; il pourrait être résumé en quatre mots :

Se mouvoir, manger modérément.

Peut-être ne sera-t-il pas inutile, cependant, de faire suivre ces mots de quelques explications :

Si l'on usait, même modérément, d'un régime exclusivement animal, on pourrait très-bien contracter la goutte, pour peu que l'on y fût prédisposé ; c'est ainsi que certains ouvriers de Londres, qui mènent la vie la plus active et la plus préservatrice, — (les tireurs de sable de la Tamise, par exemple,) — sont néanmoins atteints de la goutte, qu'ils doivent à leur régime presque exclusivement animal, et aussi, d'après quelques médecins, à l'énorme quantité de bières fortes qu'ils consomment, (de 10 à 13 litres par jour, dit-on). Il faut donc associer toujours au régime animal une bonne proportion d'aliments végétaux, et une proportion d'autant plus grande qu'on dépense moins de force physique. C'est le contraire de ce qu'on fait généralement.

Dans le régime animal lui-même, il est nécessaire de faire un choix : il ne devra jamais se composer exclusivement de viandes noires, et le gibier n'en devra faire partie qu'exceptionnellement ; les préparations culinaires devront être simples, sans exclure une variété qui est favorable à la digestion ; il faut user le moins possible des sauces et ragoûts relevés, dans lesquels aime à se déployer l'art des Vatel ; les mets devront être en petit nombre, leur multiplicité provoquant toujours l'appétit au-delà de ce qu'exigent les besoins physiologiques : un potage, un plat de viande, un plat de légumes et un dessert pour le principal repas, constituent le régime le plus salutaire ; enfin, même dans le régime végétal, il faudra éviter de manger trop souvent des légumes secs : pois, lentilles, fèves et haricots. (¹) Deux à trois heures au moins devront s'écouler entre le dernier repas et le coucher, surtout si ce dernier repas est le principal.

Faut-il exclure du régime, comme le conseillent plusieurs médecins, les poissons de mer et les crustacés ? Cette exclusion ne se justifie par aucune raison

(¹) Nous ne pouvons, ici, que formuler des préceptes, sans en donner les raisons ; les lecteurs qui voudront s'instruire à fond sur toutes les questions d'alimentation et de digestion, trouveront tous les renseignements désirables sans l'ouvrage intitulé *l'art de digérer* que publie l'éditeur du journal LA VIE, rue Philippe-de-Girard, 17, Paris.

sérieuse. On fera bien seulement d'être réservé sur les poissons très *animalisés*, tels que sardines, harengs, maqueraux, raies, congres, œufs de poisson en général (le caviar, notamment), moules sèches de Siam, œufs de homard. On connaît sur un point des bords de l'Adriatique, une population pauvre, dont la partie animale du régime se compose à peu près exclusivement de poissons divers, qui jouit d'une excellente santé, et ne compte point de goutteux.

Tous les bons observateurs ont reconnu que l'eau pure, de bonne qualité, est la plus salutaire des boissons ; mais l'habitude des liquides fermentés l'a rendue antipathique à beaucoup d'estomacs, qui ne peuvent se dispenser de lui associer le vin, la bière, le cidre, etc. ; nous avons déjà dit qu'aucune de ces boissons n'est nuisible, pourvu qu'on en use avec modération.

Le café et le thé d'une part, ont été accusés, d'aggraver considérablement ou même de produire la goutte, et de l'autre, sont réputés, au contraire, pour en être les meilleurs préservatifs. Les deux

réputations sont également imméri-
tées.

Le régime que nous venons d'exposer
suffira pour garantir de la goutte les personnes qui n'y sont pas prédisposés ; mais
il pourra n'être pas suffisant pour préserver celles qui sont nées de parents
goutteux. Celles-ci devront augmenter
la sévérité du régime, c'est-à-dire réduire
la proportion des aliments animaux, et
spécialement des viandes noires et du
gibier, et accroître la dépense de force
physique, soit par la gymnastique, l'es-
crime; la natation, la chasse, la marche,
ou mieux encore par un véritable travail
corporel, notamment celui du jardinage,
lequel est, du reste, utile sous tous les
rapports. Les applications hydrothérapiques seront également avantageuses.

Lorsque toutes les précautions qui
précèdent n'auront pas réussi à conjurer
l'invasion de la goutte, il faudra, dès la
première apparition de ses indices précurseurs, recourir au traitement que
nous allons maintenant faire connaître.

b. — *Curation.*

Du temps des Antonins, le philosophe Lucien exerçait déjà sa verve satyrique sur les innombrables spécifiques de la goutte. Malgré ses critiques, une foule de médecins n'en ont pas moins continué à en augmenter le nombre, pendant que d'autres médecins déclarent, les uns, que la goutte est incurable, les autres, qu'elle est dangereuse à guérir ou même à atténuer. Tous sont hors de la raison et quelques-uns hors du bon sens. La goutte peut être traitée avec succès, elle doit l'être ; elle doit l'être, à l'aide d'un petit nombre de médicaments, dont l'efficacité a été depuis longtemps reconnue par des observateurs de premier ordre et formulés par eux dans des préparations dont toutes les autres ne sont que des copies, des imitations ou des variantes défectueuses, insignifiantes ou nuisibles. Le but de cette instruction n'est pas même d'énumérer toutes ces imitations, mais seulement d'apprendre aux goutteux à appliquer le mieux possible le petit nombre de remèdes qui sont les plus efficaces e presque les seuls utiles. Les plus essentiels de ces remèdes sont au nombre de deux : la *liqueur d'hermodacte* ou *d'Alexandre* (¹) et les pilules *d'Avicenne* (²) perfectionnées par *Sinclair* ; la première préparation est destinée spécialement à calmer les *attaques* de goutte, la seconde, à guérir la *maladie*, en modifiant l'état général dont elle dépend. Il y a donc deux traitements de la goutte : 1° le traitement

(¹) Alexandre, (de Tralles en Lydie) était un observateur du plus haut mérite qui s'obstina, sans y réussir complètement, toutefois, à guérir les podagres qu'Hippocrate ne cherchait qu'à soulager, persuadé sans doute, mais à tort. qu'ils ne pouvaient être guéris.

Un officier du nom d'Husson, au service du roi Louis XV, proposa, en 1763, contre la goutte, l'infusion d'une plante de la même famille que l'hermodacte, le colchique d'automne ; ce remède d'officier est le meilleur après l'hermodacte, et fait la base d'une foule de préparations copiées par les médecins sur celle de l'officier, et qui ne valent pas la sienne.

(²) Avicenne, moins médecin que philosophe, était comme Hippocrate, et plus que lui peut-être, un esprit profond et observateur, qui s'est convaincu par expérience que la goutte est curable et qui a réussi à la guérir, ce que bien peu de médecins ont fait depuis lui.

des accès, qui ne sont qu'une des manifestations de la maladie ; 2° le traitement de la maladie elle-même.

I. TRAITEMENT DES ACCÈS

MODE D'EMPLOI DE L'HERMODACTE

Les goutteux, chez lesquels l'attaque
s'annonce par des prodrômes, ne devront
pas attendre qu'elle soit déclarée pour
la combattre : aux premiers indices, ils
devront prendre une cuillerée à café (¹)
la *liqueur* d'*hermodacte* ou d'*Alexandre,*
à moins que ces indices ne se manifestent
aussitôt après le repas, auquel cas, il
faudrait attendre deux heures au moins,
avant de prendre la liqueur ; une seconde
cuillerée devra être prise de quatre à
cinq heures après la première, et une
troisième quatre à cinq heures après la
seconde. Si les symptômes précurseurs

(¹) La cuillerée à café contient d'habitude
quatre grammes d'eau pure ; mais elle peut
offrir des variations ; il ne faut pas que la
dose d'hermodacte dépasse jamais *cinq
grammes* à la fois, et il vaut mieux qu'elle ne
soit que de quatre.

ont disparu, après la troisième cuillerée, on pourra suspendre la liqueur ; dans le cas contraire, on la continuera aux doses qu'on vient d'indiquer, sauf pendant la nuit, si le malade dort ; s'il y a de l'insomnie, la liqueur sera continuée comme pendant le jour ; on ne la suspendra, que lorsque tout prodrôme aura disparu. On la continuerait de même et on y ajouterait de deux à quatre *pilules de Sinclair*, si l'attaque se déclarait ; les pilules seront prises au nombre de une à deux, de quinze à vingt minutes après la cuillerée d'*hermodacte*.

Si l'attaque se déclare sans prodrômes, il faut, aux premières douleurs, (1) prendre immédiatement une cuillerée à café d'*hermodacte*, puis, une seconde,

(1) Nous sommes obligé de répéter encore ici qu'il nous est impossible d'entrer dans toutes les explications pour montrer la nécessité d'agir de telle ou telle façon, et qu'on trouvera ces explications dans l'ouvrage sur la goutte auquel nous, nous avons déjà dû renvoyer. Contentons-nous donc de dire que les médecins, — car il en est, — qui conseillent de ne traiter l'attaque de goutte que lorsqu'elle tire à sa fin, ressemblent aux maîtres d'hôtel qui font servir la moutarde après le dîner.

deux heures après, puis une troisième, deux heures après la seconde ; après la la troisième cuillerée, on en prendra une toutes les quatre ou cinq heures, comme il a été dit ci-dessus.

Si, à la fin du second jour, les douleurs n'étaient pas considérablement diminuées, on ajouterait à la *liqueur d'Alexandre* de deux à quatre *pilules Sinclair* ; on en pourra porter le nombre à six et même huit, celles-ci pouvant êtres prises à peu près en toutes proportions, sans aucun inconvénient.

Quand les douleurs se seront un peu calmées, on diminuera d'une cuillerée à café par jour, la dose de l'*hermodacte*, jusqu'à ce qu'on l'ait réduite à trois cuillerées ; quand les douleurs auront disparu complètement, on continuera encore pendant quatre ou cinq jours cette dernière dose, qu'on réduira ensuite à deux cuillerées, pendant trois jours, puis à une, pendant le même temps, après quoi on suspendra définitivement la liqueur. Quant aux pilules, on les continuera comme il sera expliqué un peu plus loin.

Nous avons dit que nous ne mentionnerions même pas l'innombrable quantité de remèdes ou de traitements opposés à la goutte, qui ne sont qu'inactifs, ou nuisibles, ou inférieurs à ceux que nous recommandons. Mentionnons seulement ceux qui ont eu le plus de retentissement.

Saignées. — Il y a fort longtemps, les médecins saignaient quelquefois dans les attaques de goutte ; plus tard, ils saignèrent très-souvent, presque dans tous les cas ; aujourd'hui, ils ne saignent que très-rarement. — On ne doit pas saigner du tout.

Opium, calmants. — Des calmants, des *narcotiques*, des *anesthésiques* divers ont été recommandés par tels ou tels médecins ; tous doivent être repoussés, à l'exception de quelques substances que nous indiquerons plus loin, et qui pourront être administrées exceptionnellement.

Diurétiques. — Différents remèdes qui ont pour effet, plus ou moins incertain, d'accroître la sécrétion urinaire, ont été

conseillés ; ils sont plus nuisibles qu'u-
tiles.

Mercure. — Quelques médecins n'ont
pas reculé devant l'idée de prescrire ce
métal pernicieux, ou ses composés ; ces
médecins-là devraient être interdits.

Purgatifs. — Aucun purgatif ne doit
être prescrit comme traitement général
de la goutte ; mais on peut se purger,
quand il y a de la constipation ; si la constipation est opiniâtre, un purgatif est
obligatoire. Chaque médecin prescrit le
sien, en se fondant sur des raisons plus
ou moins déraisonnables ; les malades
peuvent, sans inconvénient, en choisir à
leur goût. Les deux préparations purga-
tives classées à juste titre parmi les
meilleures, sont les *pilules de Trousseau*
(pilules de Morisson perfectionnées) et
l'*élixir toni-purgatif antiglaireux* préparé
d'après la véritable formule de Guillié,
car celui qu'on vend le plus habituelle-
ment sous ce nom est préparé tout autrement. La dose des *pilules-Trousseau* est
de 1 à 5 par jour, suivant qu'on est plus

ou moins réfractaire à la purgation, et la dose de l'élixir, de 2 à 5 cuillerées, d'après la même considération ; on pourra commencer par une pilule ou deux cuillerées d'élixir, et recommencer le lendemain, si aucun effet n'a été produit. On prendra, à la suite des pilules ou de l'élixir, deux ou trois tasses, à une heure d'intervalle chacune, de bouillon aux herbes, ou de léger bouillon de veau.

Il est à peu près inutile de dire que, quelque soit la constipation, on n'administrera jamais un purgatif pendant les grandes douleurs de l'attaque, qui sont presque toujours exaspérées par le moindre mouvement.

Outre les moyens précédents, qui agissent ou qui sont destinés à agir sur l'état général, c'est-à-dire sur la *maladie*, on a tenté d'agir aussi directement sur les parties souffrantes. Les uns ont appliqué sur les jointures malades des *sangsues*, les autres des *vésicatoires*, les autres même des *moxas* ! Ceux-ci ont fait des *onctions* avec des *pommades* diverses, ceux-là, des *embrocations* ou des *lotions* avec de l'eau tiède, ou avec des mixtures irritantes variées ; tous ces moyens, nuisibles à des degrés divers, doivent être rejetés.

Les seules applications locales, très-souvent utiles, sont des compresses imbibées d'eau froide, et *constamment renouvelées*, pour empêcher la réaction ; elles contribuent presque toujours à calmer les douleurs et y suffisent seules quelquefois. La crainte manifestée par beaucoup de médecins, de voir ces applications froides provoquer le transport de la goutte sur les organes intérieurs (*goutte rétrocédée* ou *remontée*), est dénuée de fondement. Nous avons même vu plusieurs accès de goutte brusquement arrêtés par une douche générale froide d'une minute, sans qu'il en soit résulté aucun inconvénient ; c'est une ressource à recommander aux goutteux qui se trouvent à proximité d'un établissement hydrothérapique, ou qui possèdent chez eux un appareil à douches.

Régime. — On a prétendu qu'il était.

de la plus haute importance, que le goutteux observât une diète absolue pendant l'attaque de goutte, surtout lorsque celle-ci s'accompagne de fièvre. Cette importance est purement imaginaire ; quand il y a de la fièvre, le malade se soucie peu de manger ; quand il sent de l'appétit, le mieux est de le satisfaire avec modération, et en usant de préférence des aliments que nous avons recommandés ci-dessus.

Quant aux boissons, il suffit de proscrire le vin pur et les alcooliques ; mais le goutteux pourra boire à son choix de l'eau plus ou moins rougie ou une infusion *délayante* quelconque, fleurs de mauve, de violettes, de pêcher, de tilleul, etc. ; on a attribué une action anti-goutteuse aux feuilles de frêne et de cassis ; quoique cette action ne nous ait jamais paru bien évidente, comme une infusion de ces feuilles n'a rien de désagréable, on pourra s'en servir pour tisane, sucrée ou non. Si l'on choisit une infusion, le thé, il faudra qu'elle soit légère et de thé noir.

Le séjour à la campagne favorisera l'action curative des moyens précédents.

Quelle que soit l'efficacité du traitement que nous venons d'exposer, quelle que soit sa supériorité sur tous les autres, il peut arriver, par extraordinaire, qu'il n'atteigne pas complètement son but, et qu'après quatre, cinq ou six jours ou même plus, les douleurs de l'attaque persistent ; on pourra recourir alors aux auxiliaires suivants, qui ont quelquefois rendu des services :

Le *bromure de potassium*. — On le prend à la dose de cinquante centigrammes qar jour, en trois prises, à trois ou quatre heures d'intervalle, dissous dans cent grammes d'eau ou de tisane, sucrée ou non ;

Le *salicylate de soude*, qui a beaucoup fait parler de lui depuis quelques années, et qui n'a pas tenu, tant s'en faut, toutes ses promesses ; on le prescrira à la dose de 2 à 4 grammes, en trois prises, et dissous comme le bromure ;

Le *chlorhydrate de triméthylamine* sera donné à la dose de 20, 30 ou 40 centigrammes, en deux, trois ou quatre pilules ; il sera préférable de commencer

par la dose la plus faible ; on prendra
une pilule de cinq en cinq, ou de quatre
en quatre, ou de trois en trois heures,
suivant qu'on en prendra deux, trois ou
quatre par jour ;

Enfin, on pourra user du sirop de chlo-
ral de Grant, à la dose de deux, trois ou
quatre cuillerées par jour.

Quoique ces remèdes puissent être,
dans des cas exceptionnels très-rares,
des auxiliaires utiles de l'*hermodacte* et
des *pilulesSinclair*, on devra, cependant,
s'en tenir autant que possible à ces deux
derniers moyens, car dans la goutte,
l'estomac est souvent susceptible ou
même souffrant, et il importe de ne pas
le surcharger de médicaments.

Dans les cas extraordinairement douloureux, on pourrait calmer la douleur
en engourdissant la sensibilité générale
par une *injection sous-cutanée* narcotique.
Nous avons fait préparer, pour l'applica-
tion de ce moyen, une petite seringue
spéciale aocompagnée d'une instruction
qui permettra à toute personne intelli-
gente de pratiquer facilement ces injec-
tions.

II. TRAITEMENT DE LA MALADIE

Calmer les accès, avons-nous dit, ce n'est point guérir la goutte, il faut les empêcher de revenir, et il faut faire disparaître les douleurs variées, les vagues malaises, les dyspepsies, les névralgies, les migraines, les pesanteurs de tête, les vertiges, les palpitations, les exaltations de sensibilité cutanée, etc. qui, souvent, sont les seuls symptômes par lesquels la goutte se révèle. Deux moyens principaux sont à la disposition des goutteux pour atteindre ce but important : le *régime* et les *pilules d'Avicenne-Sinclair*. Sur le régime, nous n'avons rien à ajouter à ce que nous en avons dit ; sur les pilules, quelques très courtes explications suffiront.

Sydenham a eu raison de le dire : changer la constitution n'est ni l'affaire d'un jour ni l'affaire de quelques semaines : les *pilules Sinclair* étant destinées à opérer un tel changement, devront donc être continuées jusqu'à ce que le but soit atteint, c'est-à-dire jusqu'à ce que le goutteux soit délivré de toute douleur sérieuse, et qu'il ait recouvré la liberté des mouvements de ses articulations ; ce dernier but n'est jamais facile à atteindre, quelquefois, il est ou parait impossible : de là une distinction importante à faire entre l'apparence et la réalité.

Les mouvements peuvent être rendus impossibles par la douleur, par le gonflement et le défaut d'élasticité des tissus fibreux qui unissent les jointures, par les dépôts goutteux dits *tophus*, qui entourent celles-ci ou même s'interposent entre leurs surfaces ; enfin, par une soudure réelle de ces surfaces, soudure qui est, en termes savants, une *ankylose*. On comprend que dans ce dernier cas, il n'y aurait d'autre moyen de faire fléchir les os, que de les casser, et il faut ajouter que ce moyen a été employé par un grand chirurgien qui, à peu près séance tenante, a expédié son malade dans l'autre monde ; cet exploit a eu lieu dans un grand hôpital de Paris et devant un auditoire nombreux. Pour ceux qui n'aiment pas à casser les os et qui se font un scrupule de tuer leurs semblables, les *ankyloses vraies*, c'est les véritables soudures des

os ne doivent être ni cassées ni même
traitées, si ce n'est pour calmer les douleurs dont elles s'accompagnent quelquefois. Mais la difficulté est de distinguer
l'ankylose *vraie*, partant incurable, de l'akylose *fausse* et curable, difficulté telle,
que les plus clair voyants s'y sont trompés souvent, et que des succès merveilleux ont été obtenus, chez des malades
que les plus grandes célébrités chirurgicales avaient déclaré être incurables.
Le plus sage, à défaut d'une certitude
absolue d'incurabilité, très difficile pour
ne pas dire impossible à acquérir, c'est
de persévérer pendant plusieurs mois au
moins, dans le traitement le plus propre
à amener une guérison, et de ne quitter
la partie que lorsque, malgré cette persévérance, on n'aura pas obtenu le moindre
résultat. Une grande célébrité médicale
anglaise, le professeur Mayot, goutteux
depuis un grand nombre d'années, et qui,
de même que beaucoup de ses confrères,
n'avait pas su appliquer le précepte :
« médecin guéris-toi toi-même », avait
presque toutes les articulations immobiles et « ressemblait, suivant les expres

sions du docteur Scouttetten, (*rapport au maréchal Soult* , sur l'hydrothérapie, Paris 1844), a une statue égyptienne, représentant Isis assise », alla demander des secours à la méthode curative du paysan Priessnitz, et ne commença à en éprouver les bons effets qu'après quatre mois ; il ne fut guéri qu'en deux ans ; le prince de Lichtenstein ne le fut qu'en quatre, par la même méthode, encore crut-il devoir continuer le traitement pendant deux ans au moins, pour consolider la cure.

Nous venons de parler de la méthode du paysan Silésien Priessnitz ; l'hydrothérapie convenablement appliquée est, en effet, l'auxiliaire le plus puissant des *pilules Sinclair*, non seulement pour guérir les tophus et les fausses ankyloses, mais tous les autres accidents dépendant de la goutte, dyspepsies, gastralgies, pesanteurs de tête, vertiges, asthmes, palpitations, etc. Nous ne pouvons entrer ici dans les détails des applications hydrothérapiques ; nos lecteurs les trouveront dans un petit volume où seront exposés les meilleurs procédés les plus propres pour appliquer utilement l'hydrothérapie et les eaux minérales (¹).

Une grande nombre d'eaux minérales, à la tête des quelles les eaux de Vichy, ont été données, en effet, non seulement comme de puissants auxiliaires de la *liqueur Alexandre* et de *pilules d'Avicenne. Sinclair*, mais encore comme capables de guérir à elles seules la goutte. On est généralement revenu de la confiance qu'elles ont pu inspirer pendant un temps. La vérité, c'est que les eaux minérales ont fait beaucoup plus de mal que de bien aux goutteux, et que les moins actives d'entre elles, —nousparlons des eaux analogues aux eaux de Vichy, c'est-à-dire alcalines, — telles que celles de Baden-Baden, Ems, Carlsbad, etc. ne peuvent être administrées contre la goutte

(¹) *Guide des malades auxquels conviennent les applications de l'hydrothérapie et des eaux minérales.* 1 vol. grand in-18, prix 3 francs. — Ceux de nos lecteurs qui voudront recevoir ce volume aussitôt qu'il aura paru peuvent se faire inscrire dès à présent par une demande à l'éditeur de LA VIE. *journal des personnes qui veulent vivre longtemps,* rue Philippe-de-Girard, 17, Paris.

sans exposer les malades à des inconvénients d'autant plus sérieux, quelles sont plus actives ; c'est dire que les eaux de Vichy et de Vals tiennent, sous ce rapport le premier rang. Le célèbre docteur Trousseau, qui a écrit beaucoup de sottises sur la goutte, a aussi écrit quelques vérités, entre autres celle-ci : « Je ne connais pasde médication plus périlleuse que celle des eaux alcalines. ». Les eaux salines, thermales ou froides, telles que celles de Wiesbaden, deSalins, etc. n'ont pas beaucoup moins d'incovénients. En résumé, sauf dans quelques cas où la goutte est compliquée de dyspepsie grave, d'engorgement du foie ou d'anémie, toutes les eaux minérales doivent être repoussées ; et encore, dans ces derniers cas, faudra-t-il leur préférer, au moins pour commencer le traitement, la médication du paysan de Silésie. Cette médication est encore aujourd'hui assez mal appliquée, même par la plupart de médecins qui s'en sont fait une spécialité ; mais notre *guide* permettra aux goutteux de rectifier les erreurs des *hydrothérapeutes* auxquelles ils se confieront.

« Quiconque, a 30 ans n'est pas son propre médecin,
est un sot. »

Mais comme toutes les maximes générales, celle-ci ne doit point être prise au
pied de la lettre et doit avoir ses restric-
tions. Nous avons la conviction intime
qu'après avoir lu attentivement cette
instruction, chacun de nos confrères en
goutte pourra être son propre médecin,
et se délivrer lui-même d'un mal que
beaucoup de médecins déclarent être
incurable. Cependant, en science comme
ailleurs, et dans la science de la vie en
particulier, il est si difficile d'atteindre
à la vérité absolue, qu'il n'est pas un
seul philosophe ou un simple logicien qui
n'ait posé en principe que toute règle a
ses exceptions. Il se pourrait donc, qu'un
goutteux se trouvât dans des conditions
assez exceptionnelles, pour être embar-
rassé, même après avoir lu cet opuscule,
et qu'il crut utile de demander des
conseils à des personnes qui auraient
plus d'expérience que lui. L'auteur de
cet opuscule sera toujours à la disposition des goutteux, qui se trouveraient

dans ces conditions exceptionelles. Sur la demande qui lui en sera faite, le rédacteur · en chef de *La Vie*, rue Philippe-de-Girard, 17, enverra une feuille où sont indiqués les renseignements nécessaires à fournir, pour que les conseils réclamés puissent être utiles.

APHORISMES

ou

L'EVANGILE DU GOUTTEUX

I. — L'homme doit une foule de maux à la nature, il ne doit la goutte qu'à lui-même.

II. — La goutte consiste dans l'impuissance de la force vitale à transformer et éliminer tous les principes nutritifs introduits dans le sang.

III. — Les accès et les douleurs de goutte sont causés par l'action des ferments anormaux ou surabondants, auxquels les principes nutritifs non transformés ou non éliminés donnent naissance.

IV. — Le goutteux a créé lui-même la goutte de toutes pièces ou l'a reçue en héritage.

V. — La goutte non héréditaire peut être guérie le plus souvent et soulagée dans tous les cas.

VI. — La goutte héréditaire peut être guérie quelquefois et soulagée toujours.

VII. — Le pire ennemi d'un goutteux, c'est un bon cuisinier.

VIII. — L'animal qui lui est le plus nuisible, après un bon cuisinier, c'est un mauvais médecin.

IX. — Les bons médecins sont aux mauvais à peu près comme les merles blancs sont aux noirs.

X. — Le mérite d'un médecin a autant de rapport avec sa notoriété, ses titres, grades, dignités et cordons, que la robe du juge avec sa science. ([1])

XI. — Le médecin qui connait et décrit les caractères spécifiques distinctifs de la goutte et du rhumatisme, est à peu près aussi fort que le naturaliste qui distingue le caniche du barbet.

XII. — Le médecin qui ne veut pas qu'on guérisse la goutte des articulations, de peur qu'elle ne remonte au cœur ou au cerveau, est aussi malin que le chien qui lâche la proie pour l'ombre.

([1]) Rien de plus charmant et de plus vrai que ce couplet d'un spirituel chansonnier :

> Le docteur que j'ai
> N'est pas agrégé,
> Il n'a ni cordons ni grades ;
> Il est détesté
> De la Faculté,
> Il guérit tous ses malades !..

XIII. — Le médecin qui pense, avec Horace Walpole, que la goutte est un remède, ressemble à celui qui trouverait hygiénique de coucher sur des pointes de clous.

XIV. — Celui qui pense que la douleur est un bien peut garder sa goutte ; celui qui pense le contraire doit la guérir.

XV. — L'*hermodacte* ou *liqueur d'Alexandre* est le meilleur moyen de guérir les accès de goutte ; les *pilules d'Avicenne-Sinclair* sont le meilleur moyen de guérir la goutte elle-même.

———

Nota. — Pour avoir toute sécurité sur les qualités irréprochables de la Liqueur-Alexandre et des Pilules-Sinclair, ainsi que des produits accessoires conseillés dans le traitement de la Goutte, l'auteur de cet opuscule en a confié la préparation à M. Hayès, pharmacien, avenue de la Grande Armée, 12, dont l'habileté et la scrupuleuse exactitude lui sont connues.

———

FIN